# BEI GRIN MACHT SICH IHR WISSEN BEZAHLT

- Wir veröffentlichen Ihre Hausarbeit, Bachelor- und Masterarbeit

- Ihr eigenes eBook und Buch - weltweit in allen wichtigen Shops

- Verdienen Sie an jedem Verkauf

Jetzt bei www.GRIN.com hochladen und kostenlos publizieren

Kristina Bonn

# Vulkanologie und Gefahrenmanagement am Beispiel Vesuv

GRIN Verlag

**Bibliografische Information der Deutschen Nationalbibliothek:**

Die Deutsche Bibliothek verzeichnet diese Publikation in der Deutschen National-
bibliografie; detaillierte bibliografische Daten sind im Internet über http://dnb.d-
nb.de/ abrufbar.



**Impressum:**

Copyright © 2002 GRIN Verlag GmbH
Druck und Bindung: Books on Demand GmbH, Norderstedt Germany
ISBN: 978-3-640-19418-6

**Dieses Buch bei GRIN:**

http://www.grin.com/de/e-book/116978/vulkanologie-und-gefahrenmanagement-
am-beispiel-vesuv

**GRIN - Your knowledge has value**

Der GRIN Verlag publiziert seit 1998 wissenschaftliche Arbeiten von Studenten, Hochschullehrern und anderen Akademikern als eBook und gedrucktes Buch. Die Verlagswebsite www.grin.com ist die ideale Plattform zur Veröffentlichung von Hausarbeiten, Abschlussarbeiten, wissenschaftlichen Aufsätzen, Dissertationen und Fachbüchern.

**Besuchen Sie uns im Internet:**

http://www.grin.com/

http://www.facebook.com/grincom

http://www.twitter.com/grin_com

Kapitel II

# Vulkanologie und Gefahrenmanagement am Beispiel Vesuv

Neapel, Vesuv

01.09.2002

Kristina Bonn

# Inhaltsverzeichnis

# 1 Grundlagen Vulkanologie

## 1.1 Förderart und Eruptionstypen

Besonders wichtig für das Verständnis verschiedener Vulkane und für das darauf aufbauende Gefahrenmanagement sind (historische) Informationen über ihre Eruptionsmechanismen. Mit Hilfe der Unterscheidung der Art der Lavaförderung, effusiv oder ejektiv (explosiv), und der Unterscheidung in verschiedene Eruptionstypen, hawaiianisch, strombolianisch, vulkanianisch und péléanisch, versucht man die Vulkane zu differenzieren.

### 1.1.1 Förderart

Über die Förderart (ejektiv, effusiv) von Laven entscheiden im wesentlichen die Faktoren: Wasser-, Gas-, Kieselsäuregehalt und Temperatur (des Magmas). (+)= viel; (-)= wenig

| Wasser | Gas | Kieselsäure | Temperatur in °C | Förderart |
|---|---|---|---|---|
| - | + | - | bis 1230 | effusiv, ruhig |
| + | + | - | " | effusiv & ejektiv |
| - | - | + | 600 - 900 °C | schiebt saure Laven aus den Schlot (Dom) |
| + | - | + | 400 - 700 °C | hoch explosiv, Glutwolken |

Abb. 1.1 Förderarten (aus Christof Hug-Fleck: "Die ruhelose Erde", Hannover, 1998)

### 1.1.2 Eruptionstypen

**Hawaiianischer Eruptionstyp**

Vulkane des hawaiianischen Eruptionstyps sind durch den Austritt sehr flüssiger, ca. 1 100°C heißer und basaltischer Lava gekennzeichnet. Diese schießt in Form von enormen Säulen in die Luft, die oft mehrere hundert Meter Höhe erreichen können und die sich anschließend als weitflächige Lavaströme ergießen. Aus diesen flüssigen Lavamassen bilden sich später stark abgeflachte Kegel der Schildvulkane.

**Strombolianischer Eruptionstyp**

Bei dieser Variante alternieren explosive und effusive Phasen. Typisch für sie ist der rhythmische Auswurf von Schmelzprodukten in Form von Lavafetzen, die durch den Gasdruck vorangetrieben werden. Manchmal tritt auch flüssige Lava über den Kraterrand, das zur Bildung von Lavaströmen führt. Der Ausbruch kann einige Tage bzw. mehrere Jahre andauern, bis es schließlich zum Stillstand der Vulkantätigkeit kommt. Jedoch ist der namensgebende Stromboli ein völlig atypischer Fall, da er seit mindestens 2 500 Jahren anhaltend tätig ist.

**Vulkanianischer Eruptionstyp**

Hier liegt ein wesentlich viskoseres Magma vor, welches nur schwer an die Oberfläche dringt. Es sammelt sich über dem Vulkanschlot in Form einer Lavascholle oder eines Doms an. Sobald dieser Pfropfen erkaltet ist, blockiert er die Entgasung und der Gasdruck innerhalb des Vulkans erhöht sich. Wenn dieser Druck den Widerstand des Pfropfens übersteigt, werden Asche, Schlacken und Bomben durch eine heftige Explosion bis zu einer Höhe von mehreren Kilometern geschleudert. Die Entgasung geht danach weiter, bis sich ein neuer Pfropfen im Krater gebildet hat. Der Kreislauf kann sich solange wiederholen, bis die Magmaquelle versiegt ist. Der auf diese Weise entstandene flache Kegel besteht hauptsächlich aus einer Ansammlung von Asche und Gesteinsblöcken und wesentlich weniger aus Lavaströmen.

Zu dieser Variante der Vulkantätigkeit zählt man auch die Explosionsformen, die eine riesige pinienförmige Rauchfahne erzeugen, wofür der Vesuv und seine Zerstörung von Pompeï bzw. Herculanum im Jahre 79 v. Chr. als typisches Beispiel gilt. Dieser Eruptionstyp wird häufig auch als "plinianische" Eruption bezeichnet, da Plinius der Jüngere dieses Ereignis sehr detailliert beschrieben hat.

**Péléanisch Eruptionstyp**

Es handelt sich hier um einen Spezialfall der ejektiven Eruption. Da die Lava dickflüssig, weil sie reich an Siliziumdioxid ist, kann sie nach Austritt aus dem Krater nicht abfließen und staut sich vor Ort und Stelle an. Es kommt so zur Bildung eines Doms, der häufig mit Lavaspitzen gespickt ist. Wenn der Gasdruck unter dem den Krater ausfüllenden Pfropfen dessen Widerstandskraft übersteigt, schießt eine Glutwolke aus einem Riss an der Basis des Doms hervor. Diese Explosion hat eine gewaltige Zerstörungskraft, weil sie aus Lava, brennenden Gasen und Gesteinsbrocken aller Größen besteht, die sich mit Geschwindigkeiten von mehreren hundert Stundenkilometern fortbewegen.

**Zusammenfassung**

Die Einteilung der Vulkane in verschiedenen Eruptionstypen helfen den Menschen zwar das Verhalten von Vulkanen besser zu verstehen, jedoch kann die Klassifizierung eines Vulkans nicht anhand einzelner Ereignisse vorgenommen werden. So zeigte der Vesuv während des einzelnen Ausbruchs (1944) nacheinander verschiedene Eruptionstypen.

## 1.2 Pyroklastika

Der Begriff „pyroklastisch" ist von griechisch *pyro* (Feuer) und *klastos* (gebrochen) abgeleitet und bezeichnet die vulkanischen Materialien, die durch die Zerteilung des Magmas und des Felsens durch <u>explosive</u> vulkanische Tätigkeit gebildet werden. Pyroklastika ist also ein Sammelbegriff für explosiv gefördertes, vulkanisches Material. Man unterscheidet pyroklastische Fragmente (Pyroklasten) nach Größe:

| | |
|---|---|
| > 64 mm | **Bomben,** bei Fragmentation/Transport im **geschmolzenen** Zustand (aerodynamisch gerundet) |
| > 64 mm | **Blöcke,** bei Fragmentation/Transport im **festen** Zustand (eckig) |
| 2-64 mm | **Lapilli** |
| 2-0,06 mm | **grobe Aschekörner** |
| <0,06 mm | **feine Aschekörner** |

Blasenreiche, glasige Pyroklasten heißen entweder **Bims** (engl. *pumice*) oder **Schlacke** (engl. *scoria*), je nachdem, ob sie im Wasser schwimmen oder nicht, d.h. je nach Blasenanteil.

## 1.3 Die pyroklastischen Gesteine

Unverfestigte Gesteine aus Pyroklasten heißen Tephra, verfestigte Gesteine aus Pyroklasten heißen pyroklastische Gesteine. Die Verfestigung bei Pyroklastiten kann einerseits durch Verschweißen oder Verschmelzen im glutflüssigen Zustand geschehen. Tuffe (feinkörnige, verfestigte Pyroklastika) werden weiterhin nach den Arten der Fragmente unterteilt, beispielsweise in vitrischen Tuff, der überwiegend glasige Fragmente (z.B. Bimse) besitzt.

## 2 Der Vesuv

## 2.1 Allgemeine Informationen zum Vesuv

Der Vesuv besteht aus zwei Kratern. Der älteste nachweisbare Krater ist der Monte Somma. Seine Entstehung wird auf circa 300 000 Jahre vor heute datiert, da man das älteste am Vulkan gefundene Gestein auf diese Zeit datierte (http://www.volcanoworld.org, 15.12.2002). Er reicht bis in eine Tiefe von circa zwei bis fünf Kilometern. Die höchste Erhebung des Monte Somma ist die Punta del Nasone 1.132m. Der Monte Somma besaß im 8. Jh. v. Chr. nur einen zentralen Kegel, der einheitlich circa 3000 m hoch war. Die lange Periode seiner Dauertätigkeit fand ihren Abschluss mit einer gewaltigen Eruption (8. Jh. v. Chr.). Der Vesuv hat sich 79 n. Chr. aus der Mitte des Monte Somma neu gebildet: Durch den Einsturz von Hohlräumen des Monte Somma entstand eine Caldera. Im Zentrum dieser Caldera hat sich der neue Vulkan, der Vesuv, gebildet. Bei seiner Entstehung wurden die südlichen Teile des Monte Somma mitvernichtet. Seine heutige Gestalt erhielt er nach über 70 nachgewiesenen Ausbrüchen: Heute ist der Vulkan 1281 Meter hoch. Der Durchmesser seines Kraters beträgt circa 600 m und er ist 200 m tief.

Der Vesuv gehört zur Gruppe der Schichtvulkane (Stratovulkane). Diese Schichten aus Aschen/Schlacken/Lockermaterial und erkalteter Lava sind gut zu erkennen. Bei den Schichtvulkanen ist die Magma zähflüssig und sauer und daher sind die Eruptionen besonders explosionsartig und gefährlich. Der Vesuv zählt im Unterschied zum Ätna (effusiv) zu den explosiven Vulkane und hat einen steilen Kegel.

### 2.2  Plattentektonische Situation

Der Vesuv befindet sich auf der tyrrhenischen Seite der Apenninen. Das kalk- und $SiO_2$-reiche vesuvianische Vulkanmaterial weist auf eine Subduktion hin. Es besteht also ein Zusammenhang zwischen dem Vulkanismus des Vesuvs und der Subduktionszone der ionischen Platte unter die kalabresische Kontinentalplatte (vgl. Kapitel XI, Ätna, Meyenfeld, Abb. 12.2).

### 2.3  Der Ausbruch vom 24. August 79 n. Chr

Bei dem Ausbruch vom 24. August 79 n. Chr. (www.vulkanausbruch.de, 15.12.2002), der sich bereits durch ein starkes Erdbeben im Jahre 62 n. Chr. angekündigt hatte, wurden die Städte Pompeï, Herculaneum, Stabiae, Oplontis, Leucopaetra, Taurania, Tora, Cossa und Sora zerstört. Die begrabenen Städte wurden so konserviert und konnten im vergangenen Jahrhundert relativ gut erhalten wieder ausgegraben werden.

Die Bevölkerung von Pompeï starb nicht an der Lava selbst, sondern an freigesetzten Gasen. Anschließend wurde die Stadt unter einer drei bis fünf Meter dicken Bimsstein- und Ascheschicht begraben. Herculaneum (heute Ercolano) wurden von einer Schlammlawine (frana) überrollt, die sich aus Asche, Lava und Boden aufgrund der plötzlich einsetzenden starken Regenfällen gebildet hatte (Lahar). Für beide Städte war der Fluchtweg übers Meer abgeschnitten, da dieses von vorangegangenen Erdbeben aufgewühlt war.

### 2.4  Historische Daten und Quellen

Besonders wichtig für Gefahrenmanagement generell sind historische Daten aus zuverlässigen historischen Quellen. Beim Ausbruch von 79 n. Chr. kann die Wissenschaft auf zwei Briefe von

Plinius dem Jüngeren zurückgreifen, der seine Beobachtungen detailliert beschreibt: Er berichtet von den Emotionen der Menschen, den vorangegangenen Erdbeben, einer Eruptionssäule, Aschenregen und sogar Tsunamis. Solche historischen Dokumente sind von Bedeutung um den Ausbruch und das Ausmaß des Schadens zu rekonstruieren. Man kann,  basierend auf solchen historischen Dokumenten, beispielsweise Gefahrenkarten erstellen, in denen die ehemaligen betroffenen Gebieten dargestellt sind. Legt man die Informationen mehrerer Quellen übereinander, lassen sich verschiedene Gefahrenzonen erkennen, die bei vergangenen Ausbrüchen betroffen waren und es somit vermutlich auch bei zukünftigen Ausbrüchen sein werden.

## 2.5  Das Observatorium

Das Hauptziel des „Osservatorio Vesuviano" liegt im detaillierten Verständnis des Vulkans, vor allem in der Analyse der Prozesse, die Ausbrüche zur Folge haben. Im einzelnen beschäftigt sich das Observatorium mit dem ‚Monitoring' des Vesuvs, der äußeren Gestalt des Vulkans, der Geochemie der Lava, der Geodäsie, der Seismologie und Geologie am Vesuv und in der näheren Umgebung. Die geochemische Überwachung des Vesuvs besteht aus der Überwachung von Parametern, die bei steigender vulkanischer Tätigkeit verändert werden: die Entgasung im Krater und die chemisch-isotopische Zusammensetzung der Fluide der Fumarole und der „acque di falda" (vgl. http://www.osve.unina.it, 15.12.2002). So werden im Abstand von 15 Tagen in allen 15 Überwachungsstationen der $CO_2$-Gehalt und die Bodentemperatur gemessen, des weiteren werden monatlich Boden- und Wasserproben entnommen und im Labor untersucht.

## 2.6  Die Gefahren des Vesuvs

Zunächst einmal sind die Begriffe Naturgefahr und Naturrisiko genau voneinander abzugrenzen:
Als Naturrisiko ist jeder potentiell gefährdende Naturprozess zu verstehen, der erst dann zur Naturgefahr wird, wenn er sich in einem Gebiet ereignet, dass von Menschen besiedelt ist. Der Begriff Naturgefahr nimmt also immer direkt Bezug auf den Menschen.
Die Gefahren, die von einem Vulkan ausgehen, werden unterteilt in primäre und sekundäre Gefahren, je nach den Prozessen, auf denen sie beruhen. Gefahren, die auf Primärprozessen beruhen, sind Gefahren von Lavaströmen, Aschenfall und Fall von pyroklastischem Material. Unter Gefahren sekundärer Prozesse versteht man Murgänge, Hangrutschungen und Lahars, die oftmals zeitlich verzögert auftreten. Naturgefahren an Vulkanen sind jedoch auch Erdbeben, die einen Ausbruch ankündigen, oder beispielsweise Tsunamis, die einem Ausbruch folgen.

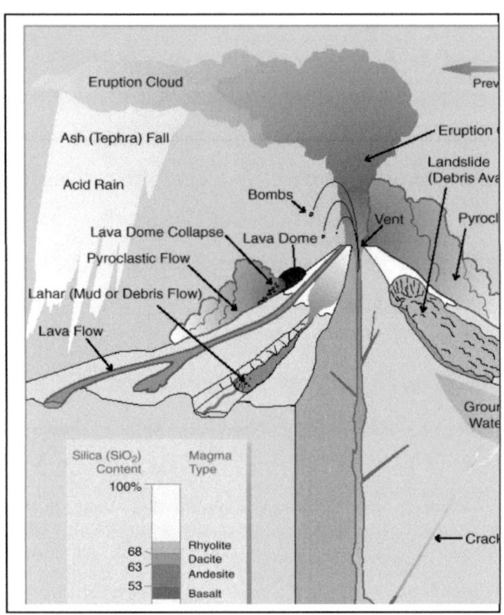


Abb.2.1 Gefahren an Vulkanen (aus www.muenster.de/MineralogieMuseum/vulkane/Vulkan-.htm+Glutlawinen%2BVulkan&hl=de&ie=UTF-8, 15.12.2002)

## 2.6.1 Auf primären Prozessen beruhende Gefahren

### Gefahren aus Lavaströmen

Der Eruptionstyp, der die letzte Eruptionsphase kennzeichnete (1631-1944), war der Strombolianische Eruptionstyp, bei welchem es häufig zur Bildung von Lavaströmen kam. Sichtbar sind diese Lavaströme am Kraterhang, in den sie sich einschneiden. Besonders gefährdet von diesen Lavaströmen sind die Gebiete rund um den Zentralkrater, wie beispielsweise Massa Terzigno, Torre del Greco, San Sebastiano und Boscotrecase. Besonders geschützt vor Lavaströmen sind Gebiete, die sich nordwestlich bis nordöstlich des Vesuvs befinden, da zwischen diesen Gebieten und dem Vesuv die Reste des Urkraters Monte Somma zurückgeblieben sind, die eine natürliche Schutzbarriere darstellen.

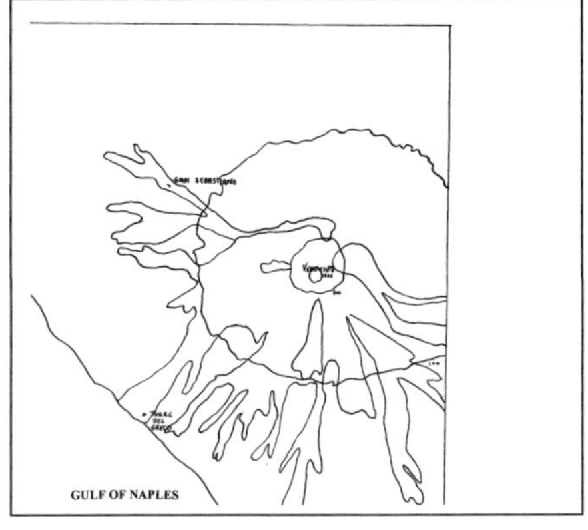


Abb. 2.2
Gefahrengebiete aus
Lavaströmen (aus
www.brookes.ac.uk/
geology/8361/1997/
ellie.html,
15.12.2002)

## Gefahren aus Ascheregen

Als Ascheregen bezeichnet man niederfallende Vulkanaschen, die über weite Strecken äolisch transportiert werden können. Die von Ascheregen ausgehenden Gefahren hängen von der Dicke der sich ablagernden Aschedecken ab und von der dominierenden Windrichtung. Während der letzen dreißig Jahre wurden am Vesuv gezielt die Windrichtungen gemessen und festgestellt, dass der Wind häufig aus westlicher Richtung kommt. Daher sind Gebiete östlich des Vulkans besonders stark von Ascheregen gefährdet. Man schätzt, dass bei der Eruption von 79 n. Chr. in 19 Stunden circa 4 km$^3$ Asche ausgeworfen wurde. Ganze Dörfer können von Aschen verschüttet werden, so dass die Häuser, wenn sie nicht einstürzen, zu Höhlen eingeschlossen werden.

## Gefahren aus pyroklastischem Material

Pyroklastisches Material wird zumeist bei Eruptionen mittlerer Stärke gefördert und, wie die Aschen, in Windrichtung verteilt. Selbst ausgeschleuderte Bimssteine, die sehr groß werden können (bis 2 m), können bis zu 10 km weit transportiert werden. Diese würden, bei einem ähnlich starken Ausbruch wie 1944, viele Städte und Häuser in einem Umkreis des Vesuvs von mehreren Kilometern zerstören, da diese unter der Last des Steines kollabieren würden.

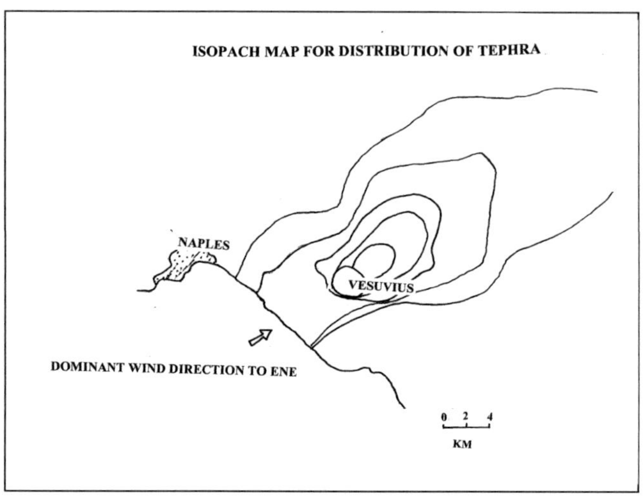


Abb. Die Verteilung pyroklastischer Materialien mit der Windrichtung


Abb. Gefahrengebiete des Pyroklastischen Materials, (vgl.
www.brookes.ac.uk/geology/8361/1997/ellie.html, 15.12.2002)


Abb.2.3 Gefahrengebiete von Tephra (aus www.brookes.ac.uk/geology/8361/1997/ellie.html,
15.12.2002)

## Gefahren aus Glutwolken (pyroclastic surges) und Glutlawinen

Der englische Begriff ‚pyroclastic surges' bezeichnet heiße Wolkenmassen, die sich horizontal mit
hurrikanartiger Geschwindigkeit aus der Eruptionssäule fortbewegen. Diese Glutwolken enthalten
so viel Vulkanasche, dass sie schwerer als Luft sind und deshalb mit rasanter Geschwindigkeit
(>100 km/Stunde) die Vulkanhänge hinabstürzen. Der dichtere, untere Teil dieser oft >800° C
heißen Mischungen aus vulkanischen Fragmenten und Gasen wird als Glutlawine, Aschenstrom
oder pyroklastischer Strom bezeichnet. Glutlawinen entstehen beim Kollabieren von Lavadomen.

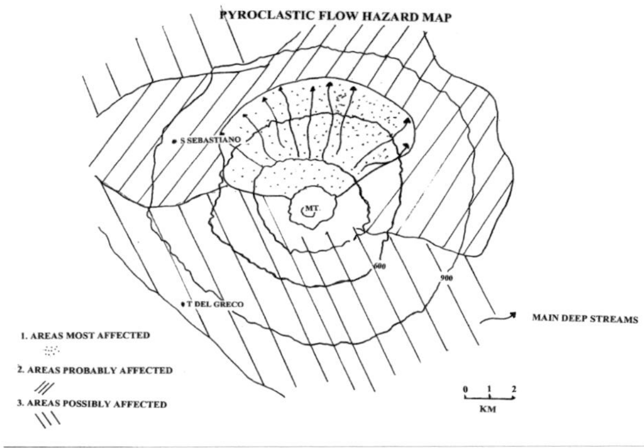


Abb.2.4 Von Glutlawinen gefährdete Gebiete, (aus
www.brookes.ac.uk/geology/8361/1997/ellie.html, 15.12.2002)

# 3 Gefahrenmanagement

Der Vesuv ist eines der seltenen Beispiele eines Vulkans, in dessen direkter Umgebung sich eine
Millionenstadt befindet. Bei der Vorbereitung von Schutzmaßnamen vor einem neuen Ausbruch ist
also zu beachten, dass der Vulkan sich in einem Gebiet mit hoher Bevölkerungsdichte und in einem
kulturellen, wirtschaftlichen und touristischen Zentrum befindet. Für ein Gefahrenmanagement
müssen also zunächst einmal viele Informationen zusammentragen:

An welchen Orten sind in der Vergangenheit welche Gefahren aufgetreten?

Wo sind Siedlungszentren?

Wo sind wichtige Verkehrswege?

Wo befinden sich sichere Orte, die als sichere Unterkunft genutzt werden könnten?

Welche Kommunikationsstruktur ist vorhanden?

Wie und von wem erfahren die Menschen, dass eine Gefahr besteht?

Dann erst könnte eine Zonierung in Gefahrenzonen vorgenommen werden, das bedeutet, eine
Zonierung in stark gefährdete Gebiete, mittelstark gefährdete Gebiete und schwach gefährdete
Gebiete. Eine solche Zonierung ist natürlich nur dann von nutzen, wenn die Bevölkerung diese
Zonierung kennt und im Bewusstsein der Naturgefahr Vesuv lebt. Darauf aufbauend müsste ein
Evakuierungsplan erstellt werden, durch welchen in kürzester Zeit möglichst viele Menschen in
Sicherheit gelangen könnten. Auch ein solcher Evakuierungsplan besteht bereits, durch welchen
600 000 Menschen in circa sieben Tagen mit Zügen evakuiert werden könnten. Jedoch ist ein
Ausbruch nicht immer rechtzeitig vorhersagbar, nur wenige Menschen kennen den

Evakuierungsplan und würden sich nach diesem Plan in Sicherheit begeben. Die große Mehrheit würde in Panik ausbrechen, sich ins eigene Auto setzen und versuchen, die Stadt zu verlassen. Dies würde im Chaos enden, da die Straßen eng und schlecht sind. Auch der Fluchtweg über das Meer ist nur eingeschränkt möglich, da es für große Schiffe nur einen Pier gibt und für kleine Schiffe das Meer in seinem aufgewühlten Zustand oft zu gefährlich ist. Weitere Probleme, die vor einem Gefahrenfall zu lösen wären, sind Fragen der Organisation:

Wer ist Entscheidungsträger und ordnet eine Evakuierung an?

Wer finanziert ein Gefahrenmanagement und die notwendigen Untersuchungen?

Wer finanziert die notwendigen Straßen und Transportmittel für eine Evakuierung?

Wie und wann wird die Bevölkerung allarmiert?

Wer gibt im Gefahrenfall die zu befolgenden Befehle? Die Armee?

## 4    Zusammenfassung

Der Vesuv, der bei seinen Ausbrüchen häufig dem vulkanischen Eruptionstyp folgt und daher seine Ausbrüche nur schwer vorhersagbar sind, stellt eine ernstzunehmende Bedrohung für in der Umgebung siedelnde Menschen dar. Diese Bedrohung resultiert aus einer Vielzahl primärer und sekundärer Gefahren. Das Observatorium ist mit der Überwachung des Vulkanes betraut. Obwohl die Menschen in geringem Maße ein Bewusstsein für die vom Vulkan ausgehenden Gefahren haben, fehlt eine nötige ‚Gefahreninfrastruktur' für den Ernstfall eines Ausbruchs. Nur durch ständige Kontrolle und Überwachung der vulkanischen Tätigkeit, das Erstellen von Gefahrenkarten, eine Zonierung in verschiedene Gefahrengebiete, das Erarbeiten geeigneter Evakuierungspläne und –mittel, das Planen der Informations- und Befehlshierarchie, dem Ausbau der Infrastruktur und einer umfassenden Aufklärung der Bevölkerung könnte das Ausmaß des Schadens im Ernstfall reduziert oder gar minimiert werden. Durch die aktuelle Situation der Informationslage und dem daraus resultierenden Gefahrenmanagement würden leider große finanzielle als auch personelle Schäden entstehen.

# 5 Literatur

## 5.1 Fachliteratur

HUG-FLECK, C. (1998): **Die ruhelose Erde**, Hannover.

MCGUIRE, B., KILBURN, C.J.R., MURRAY, J. (1995): **Monitoring active volcanoes**, UCL Press Ltd.

PERRET, F. A. (1924): **The Vesuvius eruption of 1906, study of a volcanic cycle**. Carnegie Institution of Washington.

SHERIDAN, M. F., BARBERI, F, ROSI, M and SANTACROCE, R. (1981): **A Model for Plinian eruptions of Vesuvius**. In: Nature, 289, S.282-285.

## 5.2 Internet

**<u>DGfG, Deutsche Gesellschaft für Geographie</u>**

www.ak-naturgefahren.de, 05.05.2002

**<u>Oxford Brokkes University (Ellie du Celliee Muller)</u>**

www.brookes.ac.uk/geology/8361/1997/ellie.html, 15.12.2002

**<u>Osservatorio Vesuviano, Centro di sorveglianza, Via Manzoni 249, 80123 Napoli, Tel.: 081-5832111</u>**

http://www.osve.unina.it, 15.12.2002

**<u>Turandot Verlag, Internet-Verlag für Wissenschaft, Bildung, Medizin, Kunst  und Kultur in Berlin</u>**

www.vesuv.de, 15.12.2002

**<u>Turandot Verlag, Internet-Verlag für Wissenschaft, Bildung, Medizin, Kunst  und Kultur in Berlin</u>**

www.vulkanausbruch.de, 15.12.2002

**<u>Universität Münster</u>**

www.muenster.de/MineralogieMuseum/vulkane/Vulkan-.htm+Glutlawinen%2BVulkan&hl=de&ie=UTF-8, 15.12.2002

**<u>Vulcano-World, Volcano Experts Team, North Dakota</u>**

http://www.volcanoworld.org, 15.12.2002